La **Fisiologia Vegetale** è una Disciplina presente in numerosi corsi di Laurea, triennali e magistrali, con differenti organizzazioni. Scienze Biologiche, Scienze Naturali e Scienze agrarie sono soltanto alcuni corsi di Laurea che adottano dei programmi, più o meno corposi, inerenti alla Fisiologia Vegetale. Non stupisce che, vista la complessità degli argomenti trattati, e il numero degli stessi, il campo della Fisiologia Vegetale può essere ostico da percorrere e da affrontare.

Questa raccolta di domande è stata concepita e realizzata per aiutare lo studente di Fisiologia Vegetale dei Corsi di Laurea Magistrali nella auto-valutazione delle proprie conoscenze, in base all'analisi dei Programmi di alcune Università Italiane. È un progetto che accompagna il già nutrito "Percorso di Fisiologia Vegetale", proposto nel portale LaCellula.net (http://www.lacellula.net/pagine/portale:fisiologia_vegetale).

La struttura di questa raccolta di domande è molto semplice e lineare. Sono presenti undici schede differenti, con dieci domande per ciascuna scheda, per un totale di centodieci domande. Lo studente può, semplicemente rispondendo alle domande, valutare la preparazione e approfondire gli argomenti delle domande mediante un gran numero di link di pagine di approfondimento.

Risorse collegate

Sono molti gli strumenti che possono essere accompagnati a questa raccolta di domande. LaCellula.net è il portale di riferimento per gli studenti di Biologia, Medicina, Chimica e – genericamente – di qualsiasi Facoltà con attinenze alla Scienza. All'interno del portale è presente una ricca raccolta di pagine che trattano argomenti di Fisiologia Vegetale (http://www.lacellula.net/pagine/portale:fisiologia_vegetale) e un forum di discussione (http://forum.lacellula.net). Altri quiz e schede di valutazione sono reperibili all'indirizzo http://www.lacellula.net/quiz/.

Errori

Questa raccolta di domande è stata accuratamente creata e controllata; tuttavia è possibile che piccole imperfezioni possano essere sfuggite e, di conseguenza, presenti all'iterno delle domande o delle risposte. Qualora voleste segnalare un errore potete utilizzare il modulo di contatto del portale LaCellula.net presente all'indirizzo http://www.lacellula.net/contacts/.

Nota di copyright

La presente Opera è protetta dalle vigenti Leggi in materia di Diritto D'autore, non è consentita la divulgazione e la duplicazione in alcuna forma o qualsiasi utilizzo differente dai fini personali, ad esempio commerciale, di rivendita o di noleggio, senza un permesso scritto dall'Autore dell'Opera nonché detentore dei Diritti su di essa.

Scheda N.1

1-1 Qual è lo spettro di assorbimento delle fototropine?

A | Luce gialla.

B | Luce rossa.

C | Luce verde.

D | Luce blu.

1-2 Da cosa è composta, maggiormente, la lamella mediana?

A | Da idrossiprolina.

B | Da residui di cellule lignificate.

C | Da residui degli stomi non funzionanti.

D | Da pectine.

1-3 Alcuni organismi vegetali sono capaci di aumentare il loro rate di assorbimento del fosforo mediante quale strategia?

A | Mediante l'inibizione delle pompe di efflusso del fosforo.

B | Attraverso l'estrusione attiva dello ione calcio, in modo di formare il fosfato di calcio che è molto più solubile.

C | Attraverso la sintesi di metaboliti secondari che, una volta secreti nella superficie della radice, possono eliminare gli insetti masticatori.

D | Mediante lo sviluppo di radici proteoidi che aumentano la superficie utile di assorbimento radicale.

1-4 In un organismo vegetale, il bilancio idrico assume sempre valori stazionari?

A | No, è variabile. ma soltanto nelle ore diurne e nelle ore notturne.

B | Si, è sempre stabile poiché è una delle costanti relative alla specie vegetale.

C | Si, è stabile nei periodi caldi e nei periodi freddi.

D | No, varia sempre, anche in modo repentino.

1-5 Qual è la via di sintesi dei brassinosteroidi?

A | È una tra le poche vie cicliche, poiché alla fine della sintesi si riforma l'intermedio di partenza.

B | È divisa in due fasi: fase precoce e fase tardiva.

C | È una via complessa, che parte dall'aminoacido lisina e coinvolge almeno venti enzimi differenti.

D | È suddivisa in tre fasi: fase di riduzione, fase di ossidazione e fase di split.

1-6 Quali sono i, principali, ruoli delle pectine?

A | Selettività sul trasporto xilematico e mantenimento del turgore cellulare.

B | Selettività sul trasporto floematico e genesi dell'effetto ionico.

C | Permissività su alcuni scambi, modulazione del pH e effetto ionico.

D | Protezione meccanica e filtro per i raggi ultravioletti.

1-7 I terpeni rappresentano:

A | Metaboliti secondari.

B | Derivati lattonici.

C | La maggior parte dei terpeni sono dei metaboliti secondari, alcune molecole però sono metaboliti primari.

D | Derivati del metabolismo degli acidi grassi.

1-8 Qual è la struttura tipica di una antocianina?

A | Due anelli benzenici uniti da un ponte metilico.

B | Un anello benzenico fuso a uno piranico, legati a un secondo anello benzenico.

C | Tre anelli benzenici fusi.

D | Due anelli benzenici, uniti da un ponte formato da almeno cinque atomi di carbonio.

1-9 Il resveratrolo a quale famiglia può essere associato?

A | Ai tannini.

B | Ai sesquiterpeni.

C | Ai terpeni.

D | Agli alcaloidi.

1-10 A cosa corrisponde il Valore di Huber?

A | Corrisponde al diametro xilematico in rapporto alla superficie fogliare da esso servita.

B | Alla quarta potenza del raggio del tubo conduttore.

C | Al diametro del ramo più grande, ad esclusione del tronco, in rapporto alla sua lunghezza.

D | Alla circonferenza del ramo, o del tronco, in rapporto al peso secco delle radici.

Scheda N.2

2-1 Quale tra le seguenti affermazioni, riguardanti l'assorbimento del ferro, è falsa?

A È presente, nel terreno, in forma ossidata di Fe^{+++}.

B Può essere trasportato da proteine specifiche e proteine generiche.

C È normalmente presente nel terreno in quantità che variano dal 3% al 5%.

D È trasportato mediante un antitrasporto con il cloro.

2-2 Da quale elemento, costituente la parete cellulare, derivano le punteggiature?

A Dalle proteine della punteggiatura.

B Dai ramnogalatturonani II.

C Dall'azione di particolari transpeptidasi.

D Dall'arabinosio.

2-3 Cosa sono i criptocromi?

A | Sono dei fotorecettori coinvolti nella percezione della luce blu.

B | Sono dei fotorecettori presenti soltanto nelle crittogame vascolari.

C | Sono dei fotorecettori coinvolti nella percezione della luce rossa.

D | Sono i maggiori responsabili della protezione dai raggi UV.

2-4 La struttura principale dei brassinosteroidi è di tipo:

A | Steroidea.

B | Cumarinica.

C | Furanica.

D | Pterinica.

2-5 Qual è la struttura dei tannini condensati?

A | $(C_6-C_1-C_6)_n$.

B | $(C_6-C_3)_n$.

C | $(C_6-C_6)_n$.

D | $(C_6-C_3-C_6)_n$.

2-6 Uno stress da freddo lieve, ad esempio con temperature inferiori di pochi gradi centigradi rispetto all'optimum, cosa non può determinare?

A | Il rallentamento dell'attività fotosintetica.

B | Il rallentamento dell'attività di alcuni enzimi.

C | La distruzione della membrana.

D | Il rallentamento del metabolismo.

2-7 A. tumefaciens è un batterio:

A | Gram indefinito.

B | Gram positivo.

C | È l'unico batterio Gram negativo che a seguito di stress mitotico diventa Gram positivo.

D | Gram negativo.

2-8 Per quale ragione, alcuni agricoltori, aggiungono del sale nell'acqua di irrigazione?

A | Per marcare, geneticamente, le specie più resistenti da quelle meno resistenti.

B | Perché l'aggiunta di sale determina un allontanamento dell'acqua e la pianta, specialmente nelle fasi finali, è raccolta in modo più veloce.

C | Perché l'effetto antibatterico del sale può sostituire, in un contesto di coltivazione biologica, l'uso di pesticidi.

D | Poiché, in questo modo, è indotta la sintesi di osmoliti regolatori che possono conferire maggiore resistenza alla pianta o anche un gradevole sapore.

2-9 L'acido salicilico, nella classificazione come metabolita secondario, appartiene a quale classe?

A | Agli pseudoalcaloidi.

B | Agli alcaloidi.

C | Ai fenoli.

D | Ai polifenoli.

2-10 Qual è la caratteristica dei beta-glucani?

A | Che sono gli unici mediatori tra la parete cellulare e le pectine.

B | Che possiedono un elevato turnover di ramificazione.

C | Che possiedono un glucosio terminale non riducente.

D | Che possiedono un legame beta tra i carboni 1-3 e assumono una caratteristica forma a spirale.

Scheda N.3

3-1 Qual è, generalmente, lo scopo della sintesi dei metaboliti secondari azotati?

A | Idiopatia.

B | Allelopatia.

C | Promozione della crescita.

D | Inibizione della crescita di batteri commensali, poiché la maggior parte dei metaboliti secondari sono antibiotici.

3-2 Qual è la struttura dei flavonoidi?

A | C_6-C_3-C_6.

B | $(C_6$-$C_3)n$.

C | C_6-C_6-C_6.

D | C_6-C_2-C_6.

3-3 Quali sono i ruoli dei metaboliti secondari?

A | Rappresentano le molecole di scarto delle vie metaboliche cellulari.

B | La loro biosintesi è legata a differenti aspetti, possono essere agenti di protezione, di segnalazione, di dissuasione e di attrazione nei confronti di insetti.

C | Sono quasi esclusivamente delle molecole di riserva energetica.

D | La loro funzione non è stata ancora caratterizzata e, per questa ragione, sono definiti secondari.

3-4 Quali sono i principali eventi che limitano l'assorbimento del ferro a livello delle radici?

A | La presenza di metalli pesanti.

B | La presenza di un elevato numero di vacuoli nelle radici, che sequestrano il ferro.

C | Il pH e la presenza di chelanti nel terreno.

D | La distanza delle radici dai punti di nucleazione del ferro.

3-5 Lo shikimato è il precursore di quale, importante, classe di molecole?

A | Della molecole che fanno parte della parete extracellulare spessa.

B | Degli antibatterici naturali.

C | Degli aminoacidi aromatici triptofano, fenilalanina e tirosina.

D | Delle auxine monosostituite.

3-6 Qual è il luogo di conservazione dei glucosinolati?

A | Il vacuolo.

B | Il citoplasma.

C | Il citoscheletro.

D | Il nucleo.

3-7 Limonene, mentolo, eucaliptolo sono tutti dei terpeni:

A | Monociclici.

B | Aciclici.

C | Aminociclici.

D | Eterociclici.

3-8 In quale aminoacido viene organicato lo zolfo?

A | Cisteina.

B | Cistina.

C | N-acetilmetionina.

D | Metionina.

3-9 Qual è il ruolo delle proteine della parete cellulare, nel contesto di un organismo vegetale?

A   Fornire segnali di riconoscimento per la parete mediana.

B   Fornire segnali di aggancio per gli ormoni.

C   Fornire un ruolo di adesione e coesione.

D   Fornire sostegno e supporto meccanico alla cellula.

3-10 Per quale ragione, nel contesto di alcuni organismi vegetali, l'acido salicilico è considerato un ormone?

A   Perché promuove l'abscissione fogliare.

B   Perché promuove la crescita del fusto.

C   Perché induce la respirazione cianuro-resistente.

D   Poiché attiva alcune pompe di membrana.

Scheda N.4

4-1 A quale classe dei metaboliti secondari appartiene il taxolo?

A | Ai tetraterpeni.

B | Alle poliammine.

C | Ai fenoli.

D | Ai diterpeni.

4-2 In una condizione di stress idrico, qual è il tipico scenario per un organismo vegetale?

A | La radice, per una ragione meccanica, non può più crescere nel terreno secco e non è capace di assorbire ulteriore acqua.

B | La concentrazione di acqua nel suolo diminuisce drasticamente, e il potenziale del suolo si abbassa.

C | Il potenziale idrico aumenta, quindi la pianta deve utilizzare le pompe a scarsa efficienza.

D | La concentrazione di acqua nel suolo diminuisce e, di conseguenza, aumenta l'osmolarità dei soluti tossici, tra cui l'alluminio e i metalli pesanti.

4-3	Il colore delle antocianine, in base a quale parametro fisiologico può variare?
A	In base alla pressione.
B	In base al pH.
C	In base alla temperatura.
D	In base alla concentrazione di ossigeno.

4-4	L'infezione da *A. tumefaciens*, può essere un tipico esempio di:
A	Commensalismo.
B	Cooperazione eucarito-procariotica.
C	Acquisizione di geni di resistenza da parte dei batteri.
D	Stress biotico.

4-5	Qual è il nome alternativo con il quale le emicellulose sono conosciute?
A	Glicani concatenanti.
B	Pectine di parete.
C	Cellulose perimetrali.
D	Glicogeno-derivati.

4-6 Il concetto di Architettura Idraulica, per quanto concerne un organismo vegetale, a cosa si riferisce?

A — All'insieme dei sistemi che permettono all'acqua di essere assorbita nelle radici, trasportata lungo il fusto e traspirata a livello delle foglie.

B — Al tipo di resistenza e di adattamento nei confronti dell'acqua.

C — All'insieme dei differenti tipi di xilema che, normalmente, sono presenti all'interno di un ramo o di una sezione di una pianta.

D — Alla morfologia della pianta che deriva, la maggior parte delle volte, dai fasci di xilema che in essa decorrono.

4-7 Da quale unità carboniosa derivano i terpeni?

A — Dal terpenato.

B — Dal corismato.

C — Dall'isoprene.

D — Dall'acido abscissico.

4-8 Le antocianine, nell'industria alimentare, per quale scopo sono utilizzate?

A — Come anti-acidi.

B — Come coloranti.

C — Come regolatori del pH.

D — Come aromatizzanti.

4-9	Nel caso di stress severo da freddo, una ipotetica cavitazione come viene classificata?
A	Secondaria.
B	Endogena.
C	Primaria.
D	Esogena.

4-10	In uno stress biotico, in linea generale, gli insetti come vengono classificati?
A	In letali e in simbionti.
B	In opportunisti e letali.
C	In impollinatori e non impollinatori (parassiti obbligati).
D	In succhiatori e masticatori.

Scheda N.5

5-1 Le glicofite sono sensibili a quale tipo di stress?

A | Stress salino.

B | Stress fotosintetico.

C | Stress da carenza di micronutrienti.

D | Stress da carenza di zuccheri, tra cui la gliceraldeide, nel terreno.

5-2 Nel contesto del potenziale idrico, a cosa è dovuto il potenziale di matrice?

A | Alla presenza di glucosio in forma ciclica.

B | Alla presenza di soluti organici osmoticamente attivi.

C | Alla presenza di cloruro di sodio.

D | Alla presenza di tannini idrosolubili.

5-3 Quale affermazione, riferita alla presenza del fosforo nel terreno, è vera?

A La solubilità del fosforo varia in base al pH del terreno.

B È esclusivamente presente sotto forma di fosfato di calcio.

C Non può entrare in luoghi differenti dalla cuffia radicale.

D È chelato dall'acido malico.

5-4 Le idrofite, rappresentano un raggruppamento di piante con quale caratteristica?

A Pessima resistenza allo stress da allagamento.

B Resistenza all'attacco di agenti patogeni.

C Buona resistenza alle alte temperature.

D Buona resistenza allo stress da allagamento.

5-5 Quando si definisce "freezing" lo stress da freddo?

A Quando l'organismo vegetale subisce una rapida refrigerazione, ad esempio per scopi commerciali.

B Quando la temperatura si attesta tra -0°C e -1°C.

C Quando la temperatura scende al di sotto del punto di congelamento.

D Quando per rallentare la maturazione dei frutti, l'organismo vegetale viene messo in celle frigorifere a temperature inferiori di 5°C rispetto all'optimum.

5-6 In quale momento, della vita cellulare, originano il SAM e il RAM?

A | Durante la formazione del meristema fiorale.

B | Durante lo sviluppo della gemma ascellare.

C | Durante l'embriogenesi.

D | Durante l'induzione auxinica.

5-7 Quale stimolo viene captato dalle fototropine?

A | Luce rossa.

B | Tropanoidi.

C | Ossigeno, voltaggio e luce blu.

D | Luce blu.

5-8 A quale, vasta, classe appartengono i cosiddetti lignani?

A | Ai metaboliti terziari.

B | Ai metaboliti primari.

C | Ai fenoli.

D | Alle poliamine.

5-9	Quanti sono i gruppo sostituenti che caratterizzano una antocianina?
A	7.
B	3.
C	5.
D	13.

5-10	In quali sottoclassi si possono distinguere i metaboliti secondari azotati?
A	Alcaloidi e pseudoalcalodi.
B	Tutti i derivati della tirosina e alcuni derivati del triptofano.
C	Alcaloidi, glucosinolati, amine secondarie ma non amine primarie.
D	Alcaloidi, pseudoalcaloidi, glucosidi cianogenetici, glucosinolati, aminoacidi e amine.

Scheda N.6

6-1 In uno stress da allagamento (flooding) qual è la condizione di sofferenza alla quale un organismo vegetale è esposto?

A La mancanza di ossigeno nel terreno.

B La maggiore possibilità di crescita per i patogeni, specialmente piccoli insetti e colonie batteriche.

C L'eccessiva entrata di acqua nelle cellule radicali.

D Nell maggior parte dei casi, l'acqua presenta un elevato potenziale osmotico e richiama acqua dalla radice.

6-2 Le opine, sono sintetizzata a seguito:

A Dell'infezione dei miceti a livello della foglia.

B Di eventi di stress dovuto da carenza idrica.

C Di stress da temperatura, servono infatti a proteggere il DNA.

D Dell'infezione di *A. tumefaciens*.

6-3 Quale parametro misura il potenziale idrico, in un organismo vegetale?

A | L'energia potenziale dell'acqua nel vacuolo.

B | L'energia potenziale dell'acqua, nel suolo, nella pianta e nell'atmosfera.

C | L'energia potenziale dell'acqua del suolo e dell'atmosfera.

D | L'energia potenziale dell'acqua nel fusto.

6-4 Le alofite, sono piante che tollerano quale tipo di stress?

A | Stress biotico.

B | Stress fotosintetico.

C | Stress salino.

D | Stress idrico.

6-5 Un organismo sottoposto a stress da freddo severo sviluppa dei cristalli di ghiaccio all'esterno della cellula. Come cambia lo spostamento di acqua delle cellule adiacenti?

A | La cellula subisce uno shock idrico, poiché la presenza di ghiaccio è recepita dalla membrana esterna che valuta un "deficit idrico", e di conseguenza attiva le acquaporine che traslocano acqua dall'apoplasto al simplasto.

B | Il potenziale idrico dell'apoplasto diminuisce, quindi la cellula cede acqua verso la direzione del frammento di ghiaccio e si disidrata.

C | L'acqua non può più entrare nella cellula poiché il frammento di ghiaccio si posiziona sempre vicino alle acquaporine.

D | L'acqua, se allo stato solido, non concorre alla modifica del potenziale idrico, per questa ragione i potenziali dell'apoplasto e del simplasto non variano.

6-6 In un contesto di analisi di efficienza di conduzione di acqua, il valore di Huber tende a:

A — Ad essere più preciso rispetto all'equazione di Hagen-Poiseuille.

B — Sovrastimare.

C — Sottostimare.

D — Non può essere utilizzata l'equazione di Huber per qualsiasi calcolo che coinvolge il passaggio dell'acqua in un organismo vegetale.

6-7 Le fototropine sono coinvolte nella regolazione dell'apertura degli stomi?

A — No, poiché sono fotorecettori presenti soltanto nel fusto.

B — Si, mediante la biosintesi di auxine.

C — No, poiché sono esclusivamente fotorecettori per la luce rossa.

D — Si, sono coinvolti mediante una conseguente estrusione di protoni.

6-8 Quale metabolita secondario può essere considerato il precursore della vasta classe dei composti fenolici?

A — L'acido cinnamico.

B — Il 2 cloro-fenolo.

C — La cumarina.

D — L'acido abietico.

6-9 Da quale precursore derivano i tannini?

A | Dall'acido gallico.

B | Dall'isopentenil pirofosfato.

C | Dall'acido abietico.

D | Dal furano.

6-10 A quale categoria appartengono i brassinosteroidi?

A | Sono delle auxine.

B | Sono dei fitormoni.

C | Sono dei derivati indolici della tirosina.

D | Sono delle giberelline.

Scheda N.7

7-1 Qual è la prima classificazione delle molecole che fanno parte della famiglia delle pectine?

A | In omogalatturonani e ramnogalatturonani I.

B | In derivati del glucosio e derivati del saccarosio.

C | In xilosio e arabinosio.

D | In prodotti fotosintetici e non fotosintetici.

7-2 Qual è la principale caratteristica dei metaboliti azotati?

A | Presentano almeno un atomo di azoto.

B | Derivano tutti dall'ornitina.

C | Presentano una spiccata attività antiossidante.

D | Presentano due atomi di azoto legati tra loro.

7-3 In uno stress idrico moderato, quale tra questi eventi modifica la fisiologia di un organismo vegetale?

A | Aumento del volume del vacuolo.

B | Diminuzione della crescita per segnalazione ormonale.

C | Diminuzione della crescita per distensione.

D | Aumento della crescita cellulare.

7-4 La durata dello stress idrico, per quanto riguarda un organismo vegetale, come può essere classificata?

A | In stress elastico, generalmente reversibile e stress plastico, irreversibile.

B | Soltanto in stress plastico, poiché la mancanza di acqua, in una pianta, determina un primo stato di sofferenza cellulare, al quale segue un accumulo di soluti tossici e la morte per carenza metabolica.

C | In stress elastico, generalmente irreversibile, e stress plastico, reversibile.

D | Soltanto in stress elastico, poiché la mancanza di acqua, in una pianta, determina sempre la morte dell'organismo.

7-5 Quanti sono gli alcaloidi attualmente classificati?

A | Oltre 12.000.

B | Circa 500.

C | Più di 1.000.000.

D | Meno di 50.

7-6 A quale classe di metaboliti secondari appartengono i glucosidi cianogenetici?

A | Agli alcaloidi.

B | Ai metaboliti azotati.

C | Alle glucosamine.

D | Agli pseudoalcaloidi.

7-7 In quale luogo è sintetizzato il glucosio necessario per la sintesi delle pectine?

A | Dall'isomerizzazione del fruttosio prodotto all'interno della cellula stessa.

B | Dalle cellule adiacenti fotosintetizzanti.

C | Dalla scissione del saccarosio prodotto all'interno della cellula stessa.

D | Dalla cellula stessa.

7-8 Con quale meccanismo, lo ione fosfato entra nelle cellule della radice?

A | Con un sistema attivo secondario, di simporto di protoni e fosfato.

B | Con un canale specifico per il fosfato.

C | Con un sistema attivo primario, di antiporto di protoni e fosfato.

D | Mediante l'espressione di comuni aquaporine.

7-9	Qual è la differenza tra cavitazione e embolia, riferito a un vaso xilematico?
A	Nessuna, la cavitazione e l'embolia rappresentano due sinonimi per indicare un vaso con piccole bolle d'aria.
B	Nessuna, la cavitazione e l'embolia rappresentano due sinonimi per indicare un vaso totalmente riempito d'aria.
C	Un vaso cavitato, sebbene in misura minore di un vaso normalmente funzionante, presenta piccole bolle d'aria, mentre un vaso in embolia è totalmente riempito d'aria.
D	Un vaso si intende cavitato quando, parallelamente ad esso, decorrono soltanto vasi riempiti d'aria. Si definisce, invece, embolizzato, quando accanto ad esso decorrono vasi con contenuto misto tra aria e acqua.

7-10	Cosa rappresenta il bilancio idrico, in un organismo vegetale?
A	Il rapporto tra acqua traspirata e acqua assorbita.
B	Il volume di acqua utilizzato per la fotosintesi diviso la quantità di prodotto finale.
C	Il rapporto tra acqua assorbita diviso la superficie fogliare.
D	Il volume di acqua utilizzato durante la fotosintesi.

Scheda N.8

8-1 Lo Shikimato è:

A — Una sostanza neurotossica, secreta da alcune dicotiledoni per ragioni di difesa.

B — L'anione dell'acido shikimico.

C — Un metabolita secondario che deriva dall'ossidazione della valina.

D — Un aminoacido che ha funzione di ormone.

8-2 Quali sono i, principali, tipi di classificazione degli alcaloidi?

A — In base all'aminoacido di origine, al tipo di nucleo costitutivo, e agli effetti.

B — In base al gene che inibiscono.

C — In base al promotore che inibiscono.

D — In base alla via biochimica.

8-3 Lo shikimato è un intermedio che porta alla formazione di quale tipo di metaboliti?

A | Costitutivi.

B | Di riserva energetica.

C | Secondari.

D | Primari.

8-4 La cumarina presenta una struttura:

A | C_6-C_3, con il C_3 in forma ridotta.

B | C_6-C_1.

C | C_6-C_3-COOH.

D | C_6-C_3, con il C_3 in forma ciclica.

8-5 Dal punto di vista metabolico, come vengono sintetizzati i terpeni?

A | In una via citoplasmatica, che deriva dall'acido mevalonico, e in una via plastidica che deriva dalla gliceraldeide-3-fosfato e dal piruvato.

B | Da una serie di transchetolazioni.

C | Dalla via dell'acido shikimico.

D | Nei plastidi, direttamente dal metabolismo fotosintetico, nel citoplasma dalla glicogenolisi.

8-6 Nei flavonoidi, da quali vie biosintetiche provengono gli anelli C_6?

A | Dalla via dello shikimato e dalla via dell'acido mevalonico.

B | Dagli aminoacidi non glucogenici.

C | Dalla biosintesi degli acidi grassi e dalla glicogenolisi.

D | Dalla via dei pentoso fosfati.

8-7 Un generico fenolo dalla struttura C_6, da quale percorso metabolico è biosintetizzato?

A | Nelle dicotiledoni dalla via dello shikimato, nelle monocotiledoni dalla via del malonato.

B | Dalla via dello shikimato.

C | È un metabolita di scarto della fotosintesi clorofilliana.

D | Dalla via degli acidi tricarbossilici.

8-8 Quali sono le due vie biosintetiche che portano alla biosintesi dei tannini condensati?

A | Via dello shikimato e via del mevalonato.

B | Via dei pentoso-fosfati e via dell'acido malonico.

C | Via dello shikimato e via dell'acetato.

D | Via dei pentoso-fosfati e via di biosintesi del coenzima-A.

8-9	Qual è la differenza tra alcaloidi e pseudoalcaloidi?
A	Gli alcaloidi ereditano il gruppo aminico da un aminoacido, fin dai primi passaggi biosintetici; gli pseudoalcaloidi invece lo ricevono successivamente.
B	Gli alcaloidi sono sintetizzati nelle monocotiledoni, gli pseudoalcaloidi nelle dicotiledoni.
C	Gli alcaloidi possiedono un azoto primario, gli pseudoalcaloidi un azoto secondario.
D	Gli alcaloidi, nell'uomo che li assume, generano dei potenti effetti collaterali mentre gli pseudoalcaloidi non hanno alcuna attività biologica.

8-10	I ramnogalatturonani II sono, chimicamente, caratterizzati da:
A	Una ripetizione di zuccheri legati all'aminoacido tirosina.
B	Una struttura eteropolimerica.
C	Una struttura polialcolica.
D	Una ripetizione a "tandem" eterodimerica.

Scheda N.9

9-1 Qual è la sequenza che regola l'espressione genetica, durante l'embriogenesi?

A | Il modello dell'autoinibizione da prodotto.

B | Il modello dell'inibizione della trascrizione.

C | La sequenza del modello homebox, rappresentata da geni la cui espressione regola, ulteriormente, l'espressione di altri geni.

D | Il modello del promotore forte e del promotore debole.

9-2 Quante sono le conformazioni strutturali delle fototropine?

A | Tre: aperta, chiusa e inibita.

B | Due: a conformazione aperta risultano essere attive.

C | Due: a conformazione chiusa risultano essere attive.

D | Tre: aperta, chiusa e legata alla proteina G.

9-3	Quali sono le strategie adottate dagli organismi vegetali per assumere più facilmente il fosfato dal terreno?
A	Sviluppo di radici proteroidi, biosintesi e liberazione di acidi chelanti, associazioni simbiontiche con funghi.
B	Sviluppo in altezza della pianta, per garantire una maggiore capacità di esposizione al sole, sviluppo di radici corte e spesse, formazione di una cuticola secondaria.
C	Aumento della secrezione acida, biosintesi di sacche che "sequestrano" il fosforo e attivazione di un sistema di richiamo specifico per l'apertura di canali per il fosfato.
D	Aumento della superficie della cuffia radicale, aumento della secrezione di mucigel e alcalinizzazione del terreno.

9-4	La cavitazione derivante da un danno biotico, ad esempio a seguito di rottura meccanica del fusto da parte di un insetto, come può essere classificata?
A	Cavitazione esogena.
B	Cavitazione per embolia.
C	Cavitazione endogena.
D	Stress biotico.

9-5	Quante molecole di ATP sono necessarie per l'organicazione dello zolfo?
A	7.
B	14.
C	5.
D	2.

9-6 Lo stress salino:

A | È tollerato soltanto dalle alghe.

B | Rende totalmente incompatibile la presenza di vita vegetale con presenze, anche moderate, di sali disciolti nel terreno.

C | Può produrre gravi danni alle piante sensibili che, generalmente, appartengono alla classe delle glicofite.

D | È normalmente ben tollerato dalle piante in ragione dell'evoluzione. Le prime piante, infatti, si trovavano a ridosso di ambienti marini.

9-7 Quale tra questi non rappresenta uno stress biotico?

A | Infezioni di natura funginea.

B | Masticazione delle foglie da organismi masticatori.

C | Infezioni da parassita.

D | Carenza di batteri endosimbionti.

9-8 A quale gruppo appartengono le antocianine?

A | Terpeni.

B | Emiterpeni.

C | Flavovonoidi.

D | Flavoli.

9-9	Mediante quale evento si manifesta la tossicità dei glucosidi cianogenetici?
A	Attraverso la liberazione di glucosio radioattivo.
B	Attraverso la liberazione di glucosio contenente un atomo di azoto.
C	Attraverso la liberazione e l'ossidazione dell'atomo di azoto della amina.
D	Attraverso la liberazione di acido cianidrico.

9-10	Quale tra le opzioni proposte è una risposta primaria allo stress da freddo?
A	Desaturazione di alcuni lipidi di membrana.
B	Attivazione delle acquaporine.
C	Formazione di ammine eterocicliche.
D	Formazione di antibiotici specifici.

Scheda N.10

10-1 In un criptocromo, quale dominio media l'interazione con il nucleo?

A | Il dominio N-terminale.

B | Il dominio chiuso.

C | Il multidominio dell'apoproteina.

D | Il dominio DAS.

10-2 Quali classi di terpeni sono sintetizzati nel plastidio?

A | Emiterpeni, monoterpeni e triterpeni.

B | Lattoni emiterpenici.

C | Lattoni diterpenici.

D | Monoterpeni e tetraterpeni.

10-3	Qual è il "termometro" interno della cellula vegate, capace di valutare se esiste uno stato di potenziale stress da freddo?
A	I canali per il calcio, che valutano la fluidità della membrana.
B	La pompa protonica che funziona esclusivamente alla temperatura di optimum cellulare.
C	Le acquaporine.
D	I canali del potassio, che valutano la distanza di due particolari aminoacidi.

10-4	In un generico fotorecettore, cosa si intende definire attraverso l'espressione "risposta a bassa fluenza"?
A	Un tipo di risposta scaturita da un breve, e poco intenso, lampo di luce.
B	Una risposta scaturita da un breve, e poco intenso, lampo di luce che, tuttavia, viene espressa soltanto con l'attivazione di alcuni geni.
C	Una risposta veloce, che necessita di un buon quantitativo di luce.
D	Una risposta veloce, captata soltanto dalla piante grasse a seguito di esposizione al luce intensa.

10-5	L'acido salicilico da quale via biosintetica è derivato?
A	Dalla fotorespirazione.
B	Dalla via dello shikimato.
C	Dalla via di recupero dei pentoso fosfati.
D	Dalla glicolisi.

10-6 Qual è il valore limite, in un contesto di stress idrico, di potenziale di turgore cellulare?

A 1kPa.

B 1Pa.

C 0Bar.

D 100bar.

10-7 Un generico fenolo dalla struttura C_6-C_3-C_6, mediante quali vie metaboliche è sintetizzato?

A Mediante una esterificazione tra due pentani provenienti dalla fotosintesi e dalla riduzione di un precursore ignoto.

B Attraverso la decarbossilazione ossidativa del piruvato e la glicolisi.

C Attraverso la via dell'acido shikimico e la via dell'acido malonico.

D Le due vie non sono state ancora identificate.

10-8 Lo stress da freddo, in che categoria può essere classificato?

A La classificazione, per quanto riguarda lo stress, non tiene conto dei normali criteri poiché a seguito di stress da freddo nessuna pianta può sopravvivere.

B Soltanto stress elastico.

C Soltanto stress plastico.

D Stress elastico e plastico.

10-9	In che modo possono essere classificati i terpeni?
A	In base al numero di ramificazioni.
B	In base al numero di atomi di carbonio, e in base alla struttura, ad esempio in terpeni ciclici e non ciclici.
C	In base al numero di atomi di carbonio e allo stato di ossidazione dello zolfo legato al primo sostituente.
D	In base alla tossicità.

10-10	A quale classe di molecole di parete appartengono i glucoronoarabinoxilani?
A	Alle proteine di parete.
B	Ai trasportatori di parete.
C	Alle pectine.
D	Alle emicellulose.

Scheda N.11

11-1 In uno stress da allagamento, la radice può subire dei danni derivanti da quale tipo di stress?

A | Stress biotico e stress da bassa temperatura.

B | Stress da congelamento.

C | Da pH e da danno osmotico.

D | Da ipossia e anossia.

11-2 Quali sono i parametri che formano il potenziale idrico?

A | Potenziale di assorbimento cellulare e permeabilità.

B | Conduttanza idraulica e permabilità.

C | Potenziale osmotico e potenziale di attività dei soluti.

D | Potenziale osmotico, potenziale di matrice e potenziale di pressione.

11-3	A quale grande famiglia di metaboliti secondari appartiene la cocaina?
A	Agli alcaloidi.
B	Agli pseudoalcaloidi.
C	Ai glucosidi cianogenetici.
D	Alle amine secondarie.

11-4	In un contesto relativo a un organismo vegetale, su quale base avviene lo spostamento di acqua?
A	In base a differenti potenziali idrici, progressivamente negativi lungo il suolo, la radice, il fusto, le foglie e l'atmosfera.
B	In base alla differenza di soluti.
C	In base al potenziale di turgore dello xilema.
D	In base a potenziali sempre più positivi, che partono dal suolo fino al fusto. Le foglie, trovandosi alla stessa altezza del fusto non hanno bisogno di potenziali positivi.

11-5	A quale, maggiore, classe appartengono i fenoli?
A	Molecole azotate.
B	Metaboliti terziari.
C	Metaboliti secondari.
D	Metaboliti primari.

11-6	Per quale ragione i metaboliti secondari sono definiti tali?
A	Perché rappresentano delle molecole la cui importanza biochimica, o nutrizionale, è secondaria.
B	Perché rappresentano una classe di molecole non ubiquitarie, sintetizzate soltanto in specifici raggruppamenti o, in alcuni casi, in singole specie.
C	Perché derivano da composti azotati secondari.
D	Perché rappresentano tutti dei composti azotati secondari.

11-7	I brassinosteroidi, dal punto di vista della funzionalità, quale risposta mimano?
A	Quella dell'acido abscissico.
B	Quelle indotte dell'acido muraminico.
C	Quella dell'etilene.
D	Quella delle auxine e dello citochinine.

11-8	Per quale ragione l'equazione di Huber tende a sovrastimare l'effettiva capacità di trasporto dell'acqua, a livello di una sezione di un organismo vegetale?
A	Perché, erroneamente, considera anche l'area non adibita al trasporto di acqua, oppure l'area xilematica che per varie ragioni non è più capace di condurre acqua.
B	Perché non tiene in considerazione l'acqua che evapora dal fusto, sebbene rappresenti una piccola quantità di tutta l'acqua trasportata.
C	Perché non tiene in considerazione l'acqua utilizzata nel normale metabolismo cellulare.
D	Perché l'acqua, all'interno di qualsiasi organismo vegetale, non si trova più come tale giacché presenta un numero ingente di soluti disciolti in essa.

11-9	Quante isoforme di fitocromi, attualmente, si conoscono?
A	Due: A e B.
B	Almeno 5: A, B, C, D ed E.
C	Esistono almeno trenta sottofamiglie.
D	Ogni famiglia esprime un proprio fitocromo, per questa ragione non sono conteggiabili.

11-10	Lo stress da freddo, che tipo di cavitazione produce?
A	Cavitazione embolica.
B	Cavitazione esogena.
C	Cavitazione irreversibile.
D	Cavitazione endogena.

Risposte alla scheda 1

Domande	Link di approfondimento
1: D	• Risposta alla luce (http://www.lacellula.net/pagine/risposta_alla_luce/)
2: D	• Pectine (http://www.lacellula.net/pagine/pectine/)
3: D	• Assimilazione del fosforo (http://www.lacellula.net/pagine/assimilazione_del_fosforo/)
4: D	• Bilancio idrico (http://www.lacellula.net/pagine/bilancio_idrico/)
5: B	• Brassinosteroidi (http://www.lacellula.net/pagine/brassinosteroidi/)
6: C	• Pectine (http://www.lacellula.net/pagine/pectine/)
7: C	• Metaboliti secondari (http://www.lacellula.net/pagine/metaboliti_secondari/) • Terpeni (http://www.lacellula.net/pagine/terpeni/)
8: B	• Antocianine (http://www.lacellula.net/pagine/antocianine/)
9: A	• Resveratrolo (http://www.lacellula.net/pagine/resveratrolo/) • Tannini (http://www.lacellula.net/pagine/tannini/)
10: A	• Architettura idraulica (http://www.lacellula.net/pagine/architettura_idraulica/)

Risposte alla scheda 2

Domande	Link di approfondimento
1: D	• Assimilazione del ferro (http://www.lacellula.net/pagine/assimilazione_del_ferro/)
2: B	• Parete cellulare (http://www.lacellula.net/pagine/parete_cellulare/) • Pectine (http://www.lacellula.net/pagine/pectine/) • Ramnogalatturonani II (http://www.lacellula.net/pagine/ramnogalatturonani_ii/)
3: A	• Risposta alla luce (http://www.lacellula.net/pagine/risposta_alla_luce/)
4: A	• Brassinosteroidi (http://www.lacellula.net/pagine/brassinosteroidi/)
5: D	• Tannini (http://www.lacellula.net/pagine/tannini/)
6: C	• Stress da freddo (http://www.lacellula.net/pagine/stress_da_freddo/)
7: D	• Stress biotico (http://www.lacellula.net/pagine/stress_biotico/) • Agrobacterium tumefaciens (http://www.lacellula.net/pagine/agrobacterium_tumefaciens/)
8: D	• Stress salino (http://www.lacellula.net/pagine/stress_salino/)
9: C	• Acido salicilico (http://www.lacellula.net/pagine/acido_salicilico/)
10: D	• Parete cellulare (http://www.lacellula.net/pagine/parete_cellulare/) • Pectine (http://www.lacellula.net/pagine/pectine/)

Risposte alla scheda 3

Domande	Link di approfondimento
1: B	• Metaboliti azotati (http://www.lacellula.net/pagine/metaboliti_azotati/)
2: A	• Flavonoidi (http://www.lacellula.net/pagine/flavonoidi/)
3: B	• Metaboliti secondari (http://www.lacellula.net/pagine/metaboliti_secondari/)
4: C	• Assimilazione del ferro (http://www.lacellula.net/pagine/assimilazione_del_ferro/)
5: C	• Via dello shikimato (http://www.lacellula.net/pagine/via_dello_shikimato/) • Shikimato (http://www.lacellula.net/pagine/shikimato/)
6: A	• Metaboliti azotati (http://www.lacellula.net/pagine/metaboliti_azotati/) • Glucosinolati (http://www.lacellula.net/pagine/glucosinolati/)
7: A	• Terpeni (http://www.lacellula.net/pagine/terpeni/)
8: A	• Assimilazione dello zolfo (http://www.lacellula.net/pagine/assimilazione_dello_zolfo/)
9: D	• Proteine della parete cellulare (http://www.lacellula.net/pagine/proteine_della_parete_cellulare/)
10: C	• Acido salicilico (http://www.lacellula.net/pagine/acido_salicilico/)

Risposte alla scheda 4

Domande	Link di approfondimento
1: D	• Citoscheletro (http://www.lacellula.net/pagine/citoscheletro/) • Taxolo (http://www.lacellula.net/pagine/taxolo/) • Terpeni (http://www.lacellula.net/pagine/terpeni/)
2: B	• Stress (Fisiologia Vegetale) (http://www.lacellula.net/pagine/stress_(fisiologia_vegetale)/) • Stress idrico (http://www.lacellula.net/pagine/stress_idrico/)
3: B	• Antocianine (http://www.lacellula.net/pagine/antocianine/)
4: D	• Stress biotico (http://www.lacellula.net/pagine/stress_biotico/) • Agrobacterium tumefaciens (http://www.lacellula.net/pagine/agrobacterium_tumefaciens/)
5: A	• Emicellulosa (http://www.lacellula.net/pagine/emicellulosa/)
6: A	• Architettura idraulica (http://www.lacellula.net/pagine/architettura_idraulica/)
7: C	• Metaboliti secondari (http://www.lacellula.net/pagine/metaboliti_secondari/) • Terpeni (http://www.lacellula.net/pagine/terpeni/)
8: B	• Antocianine (http://www.lacellula.net/pagine/antocianine/)
9: B	• Stress da freddo (http://www.lacellula.net/pagine/stress_da_freddo/)

10: D • Stress biotico (http://www.lacellula.net/pagine/stress_biotico/)

Risposte alla scheda 5

Domande	Link di approfondimento
1: A	• Stress salino (http://www.lacellula.net/pagine/stress_salino/)
2: B	• Potenziale idrico (http://www.lacellula.net/pagine/potenziale_idrico/)
3: A	• Assimilazione del fosforo (http://www.lacellula.net/pagine/assimilazione_del_fosforo/)
4: D	• Stress (Fisiologia Vegetale) (http://www.lacellula.net/pagine/stress_(fisiologia_vegetale)/) • Stress da allagamento (http://www.lacellula.net/pagine/stress_da_allagamento/)
5: C	• Stress da freddo (http://www.lacellula.net/pagine/stress_da_freddo/)
6: C	• Embriogenesi (fisiologia vegetale) (http://www.lacellula.net/pagine/embriogenesi_(fisiologia_vegetale)/) • Sviluppo vegetativo (http://www.lacellula.net/pagine/sviluppo_vegetativo/)
7: C	• Risposta alla luce (http://www.lacellula.net/pagine/risposta_alla_luce/)
8: C	• Fenoli (fisiologia vegetale) (http://www.lacellula.net/pagine/fenoli_(fisiologia_vegetale)/) • Lignani (http://www.lacellula.net/pagine/lignani/)
9: A	• Antocianine (http://www.lacellula.net/pagine/antocianine/)
10: D	

Risposte alla scheda 6

Domande	Link di approfondimento
1: A	• Stress (Fisiologia Vegetale) (http://www.lacellula.net/pagine/stress_(fisiologia_vegetale)/) • Stress da allagamento (http://www.lacellula.net/pagine/stress_da_allagamento/)
2: D	• Agrobacterium tumefaciens (http://www.lacellula.net/pagine/agrobacterium_tumefaciens/)
3: B	• Potenziale idrico (http://www.lacellula.net/pagine/potenziale_idrico/)
4: C	• Stress salino (http://www.lacellula.net/pagine/stress_salino/)
5: B	• Stress da freddo (http://www.lacellula.net/pagine/stress_da_freddo/)
6: B	• Architettura idraulica (http://www.lacellula.net/pagine/architettura_idraulica/)
7: D	• Risposta alla luce (http://www.lacellula.net/pagine/risposta_alla_luce/)

8: A	• Fenoli (fisiologia vegetale) (http://www.lacellula.net/pagine/fenoli_(fisiologia_vegetale)/) • Acido cinnamico (http://www.lacellula.net/pagine/acido_cinnamico/)
9: A	• Fenoli (fisiologia vegetale) (http://www.lacellula.net/pagine/fenoli_(fisiologia_vegetale)/) • Tannini (http://www.lacellula.net/pagine/tannini/)
10: B	• Brassinosteroidi (http://www.lacellula.net/pagine/brassinosteroidi/)

Risposte alla scheda 7

Domande	Link di approfondimento
1: A	• Pectine (http://www.lacellula.net/pagine/pectine/)
2: A	• Metaboliti azotati (http://www.lacellula.net/pagine/metaboliti_azotati/)
3: C	• Stress (Fisiologia Vegetale) (http://www.lacellula.net/pagine/stress_(fisiologia_vegetale)/) • Stress idrico (http://www.lacellula.net/pagine/stress_idrico/)
4: A	• Stress (Fisiologia Vegetale) (http://www.lacellula.net/pagine/stress_(fisiologia_vegetale)/) • Stress idrico (http://www.lacellula.net/pagine/stress_idrico/)
5: A	• Metaboliti secondari (http://www.lacellula.net/pagine/metaboliti_secondari/) • Alcaloidi (http://www.lacellula.net/pagine/alcaloidi/) • Metaboliti azotati (http://www.lacellula.net/pagine/metaboliti_azotati/)
6: B	• Metaboliti azotati (http://www.lacellula.net/pagine/metaboliti_azotati/) • Glucosidi cianogenetici (http://www.lacellula.net/pagine/glucosidi_cianogenetici/)
7: B	• Pectine (http://www.lacellula.net/pagine/pectine/)
8: A	• Assimilazione del fosforo (http://www.lacellula.net/pagine/assimilazione_del_fosforo/)
9: C	• Architettura idraulica (http://www.lacellula.net/pagine/architettura_idraulica/) • Cavitazione (http://www.lacellula.net/pagine/cavitazione/)
10: A	• Bilancio idrico (http://www.lacellula.net/pagine/bilancio_idrico/)

Risposte alla scheda 8

Domande	Link di approfondimento
1: B	• Metaboliti secondari (http://www.lacellula.net/pagine/metaboliti_secondari/) • Via dello shikimato (http://www.lacellula.net/pagine/via_dello_shikimato/) • Shikimato (http://www.lacellula.net/pagine/shikimato/)
2: A	• Alcaloidi (http://www.lacellula.net/pagine/alcaloidi/)

2: A	• Metaboliti azotati (http://www.lacellula.net/pagine/metaboliti_azotati/)
3: C	• Via dei pentoso fosfati (http://www.lacellula.net/pagine/via_dei_pentoso_fosfati/) • Shikimato (http://www.lacellula.net/pagine/shikimato/)
4: D	• Cumarina (http://www.lacellula.net/pagine/cumarina/)
5: A	• Terpeni (http://www.lacellula.net/pagine/terpeni/)
6: A	• Via dello shikimato (http://www.lacellula.net/pagine/via_dello_shikimato/) • Flavonoidi (http://www.lacellula.net/pagine/flavonoidi/)
7: B	• Metaboliti secondari (http://www.lacellula.net/pagine/metaboliti_secondari/) • Fenoli (fisiologia vegetale) (http://www.lacellula.net/pagine/fenoli_(fisiologia_vegetale)/) • Via dello shikimato (http://www.lacellula.net/pagine/via_dello_shikimato/)
8: A	• Via dello shikimato (http://www.lacellula.net/pagine/via_dello_shikimato/) • Tannini (http://www.lacellula.net/pagine/tannini/)
9: A	• Metaboliti secondari (http://www.lacellula.net/pagine/metaboliti_secondari/) • Alcaloidi (http://www.lacellula.net/pagine/alcaloidi/) • Metaboliti azotati (http://www.lacellula.net/pagine/metaboliti_azotati/)
10: B	• Parete cellulare (http://www.lacellula.net/pagine/parete_cellulare/) • Pectine (http://www.lacellula.net/pagine/pectine/) • Ramnogalatturonani II (http://www.lacellula.net/pagine/ramnogalatturonani_ii/)

Risposte alla scheda 9

Domande	Link di approfondimento
1: C	• Embriogenesi (fisiologia vegetale) (http://www.lacellula.net/pagine/embriogenesi_(fisiologia_vegetale)/)
2: B	• Risposta alla luce (http://www.lacellula.net/pagine/risposta_alla_luce/)
3: A	• Assimilazione del fosforo (http://www.lacellula.net/pagine/assimilazione_del_fosforo/)
4: A	• Cavitazione (http://www.lacellula.net/pagine/cavitazione/)
5: B	• Assimilazione dello zolfo (http://www.lacellula.net/pagine/assimilazione_dello_zolfo/)
6: C	• Stress salino (http://www.lacellula.net/pagine/stress_salino/)
7: D	• Stress biotico (http://www.lacellula.net/pagine/stress_biotico/)
8: C	• Antocianine (http://www.lacellula.net/pagine/antocianine/)
9: D	• Metaboliti azotati (http://www.lacellula.net/pagine/metaboliti_azotati/) • Glucosidi cianogenetici (http://www.lacellula.net/pagine/glucosidi_cianogenetici/)
10: A	• Stress da freddo (http://www.lacellula.net/pagine/stress_da_freddo/)

Risposte alla scheda 10

Domande	Link di approfondimento
1: D	• Risposta alla luce (http://www.lacellula.net/pagine/risposta_alla_luce/)
2: A	• Terpeni (http://www.lacellula.net/pagine/terpeni/) • Metaboliti azotati (http://www.lacellula.net/pagine/metaboliti_azotati/)
3: A	• Stress da freddo (http://www.lacellula.net/pagine/stress_da_freddo/)
4: A	• Risposta alla luce (http://www.lacellula.net/pagine/risposta_alla_luce/)
5: B	• Via dello shikimato (http://www.lacellula.net/pagine/via_dello_shikimato/) • Acido salicilico (http://www.lacellula.net/pagine/acido_salicilico/)
6: C	• Stress idrico (http://www.lacellula.net/pagine/stress_idrico/)
7: C	• Metaboliti secondari (http://www.lacellula.net/pagine/metaboliti_secondari/) • Fenoli (fisiologia vegetale) (http://www.lacellula.net/pagine/fenoli_(fisiologia_vegetale)/)
8: D	• Stress da freddo (http://www.lacellula.net/pagine/stress_da_freddo/)
9: B	• Terpeni (http://www.lacellula.net/pagine/terpeni/)
10: D	• Emicellulosa (http://www.lacellula.net/pagine/emicellulosa/)

Risposte alla scheda 11

Domande	Link di approfondimento
1: D	• Stress (Fisiologia Vegetale) (http://www.lacellula.net/pagine/stress_(fisiologia_vegetale)/) • Stress da allagamento (http://www.lacellula.net/pagine/stress_da_allagamento/)
2: D	• Potenziale idrico (http://www.lacellula.net/pagine/potenziale_idrico/)
3: A	• Alcaloidi (http://www.lacellula.net/pagine/alcaloidi/) • Cocaina (http://www.lacellula.net/pagine/cocaina/) • Metaboliti azotati (http://www.lacellula.net/pagine/metaboliti_azotati/)
4: A	• Potenziale idrico (http://www.lacellula.net/pagine/potenziale_idrico/)
5: C	• Fenoli (fisiologia vegetale) (http://www.lacellula.net/pagine/fenoli_(fisiologia_vegetale)/)
6: B	• Metaboliti secondari (http://www.lacellula.net/pagine/metaboliti_secondari/)
7: D	• Brassinosteroidi (http://www.lacellula.net/pagine/brassinosteroidi/)
8: A	• Architettura idraulica (http://www.lacellula.net/pagine/architettura_idraulica/)
9: B	• Risposta alla luce (http://www.lacellula.net/pagine/risposta_alla_luce/)
10: D	• Cavitazione (http://www.lacellula.net/pagine/cavitazione/)

Grazie per aver utilizzato questo Testo. Spero, sinceramente, che ti sia servito.
Fabrizio

Copyright (©) 2013 Fabrizio Crisafulli / LaCellula.net.
Libro pubblicato a cura dell'autore.